普通高等学校"十四五"规划数字装配式建筑系列教材

BUILDIPRO 薄壁轻钢房屋结构深化设计基础培训手册

主编◎郭保生　强海龙（学校）
张　涛　吴鑫文（企业）

主审◎覃民武　黄　珏（学校）
杨海鑫　何永康（企业）

华中科技大学出版社
中国·武汉

目　　录

一、BUILDIPRO 薄壁轻钢房屋结构深化设计培训项目介绍

1. 我国薄壁轻钢房屋发展前景

薄壁轻钢结构装配式建筑是一种新型工业化装配式建筑，这种建筑与数字化技术及BIM技术紧密的结合，解决了传统装配式建筑的一些痛点，成为一种新兴的装配式建筑模式。传统房屋建造过程通常以杆件为主要加工制造和运输安装单元，结合平面构造的墙板等来建造建筑。薄壁装配式建筑是以房屋的梁、板、柱、剪力墙、楼梯等模块为安装单元，将传统的杆件基本单元提升到更高的维度和尺度。薄壁轻钢结构装配式建筑中的各个单元模块是在工厂加工完毕，然后运输到现场，经过装配式安装形成建筑体系(见图1)，具有高效、绿色、经济、合理的特征，是装配式建筑发展的主要方向之一。

图 1

轻钢薄壁装配式房屋是将建筑中的梁、板、柱、剪力墙、楼梯等部件分解成各个单独的模块，这些单独的模块分别进行各自的设计和生产，然后运到施工现场进行装配化组装。各个模块的设计和施工可以根据建筑的具体情况进行合理的组合。轻钢薄壁装配式作为新型建筑技术，可有效提高建设项目的效率，提高项目整体施工效率。薄壁轻钢装配式建筑通过工厂机械化生产，实现规范化、标准化的生产，提高构件的精确度，缩短加工时间，减少了构件的不合格率，提高建筑施工效率，是实现建筑高质量发展的一种模式。

薄壁轻钢结构装配式建筑作为一种高科技、高性能、低能耗的环保建筑(见图2、图3)，符合发展低碳经济和节能省地新型住宅的要求，可以带动住宅产业化的发展，是我国住宅产业化发展的必然趋势。

图 2

图 3

2. BUILDIPRO 薄壁轻钢房屋结构设计是数字化建造的新技术

由大禾众邦(厦门)智能科技股份公司和广东白云学院推出的 BUILDIPRO 薄壁轻钢房屋结构设计技术是国内先进的薄壁轻钢结构设计软件,填补了国内的空白,该结构设计软件具有先进性、实用性、直观易学等特点。一期学习,终身享受免费技术服务。

(1)学习地点。

粤港澳大湾区装配式建筑技术培训中心,中心配有现代化电教室、投影仪、三维 VR 虚拟仿真室、云平台、实体建筑样板。

(2)培训模式。

遵照标准化、正规化、一体化、实用化的培训理念,采用理论、实训、实操相融合,脱产和业余任选择的培训模式。

(3)教师团队。

由广东白云学院的教授、专家及粤港澳大湾区装配式建筑技术培训中心的工程师共同组成联合教师团队,开展 BUILDIPRO 薄壁轻钢房屋结构设计培训。授课教师有:郭保生(教授)、覃民武(教授)、汪星(教授)、袁富贵(副教授)、那洪志(高级工程师)、牟艳秋(高级工程师)、袁谱(博士)、强海龙(工程师)、黄珏(讲师)。

(4)培训结果。

培训合格后,由广东白云学院-粤港澳大湾区装配式建筑技术培训中心-大禾众邦(厦门)智能科技股份公司联合颁发初级、中级、高级证书,也可发人社部的装配式建筑初级、中级、高级培训合格证书。

二、BUILDIPRO薄壁轻钢房屋结构设计培训教学计划

<table>
<tr><td>课程名称</td><td colspan="2">BUILDIPRO冷弯薄壁型钢房屋设计</td><td>培训班级</td><td colspan="2"></td></tr>
<tr><td>专业</td><td>土木工程</td><td>班级</td><td></td><td>层次</td><td>本科</td></tr>
<tr><td>本课程开课时间</td><td></td><td>本课程总学分</td><td>2</td><td>本学期学分</td><td>2</td></tr>
<tr><td>本学期教学周数</td><td>8周</td><td>讲授</td><td>16学时</td><td>实验(践)</td><td>12学时</td></tr>
<tr><td>习题(讨论)</td><td>2学时</td><td>机动</td><td>2学时</td><td>总计</td><td>32学时</td></tr>
<tr><td>主教材名称</td><td colspan="3">BUILDIPRO冷弯薄壁型钢房屋设计</td><td>主编</td><td>强海龙</td></tr>
<tr><td>出版社</td><td colspan="5">华中科技大学出版社</td></tr>
<tr><td rowspan="3">参考资料</td><td colspan="2">书名</td><td>主编</td><td colspan="2">出版社</td></tr>
<tr><td colspan="2">装配式冷弯薄壁型钢建筑结构基础</td><td>袁富贵</td><td colspan="2">华中科技大学出版社</td></tr>
<tr><td colspan="2"></td><td></td><td colspan="2"></td></tr>
<tr><td colspan="6">说　明</td></tr>
<tr><td colspan="6">按照粤港澳大湾区装配式建筑技术培训中心培训教学质量的要求，贯彻以学生为中心的理念，坚持“面向校园”“面向专业”“面向职业”的原则。全部教学内容包括：基本介绍；插入外部参考图；BUILDIPRO介绍视图；BUILDIPRO墙体、门窗、楼板、屋顶、屋面桁架、龙骨；生成图纸；BUILDIPRO其他应用技巧等20个章节的内容</td></tr>
<tr><td colspan="6">考核方案</td></tr>
</table>

序号	考核项目	权重	评价标准	考核时间
1	出勤	10%	全勤：100分；迟到扣10分/次，旷课扣25分/次	1～8周
2	课堂回答问题及作业	20%	课堂上回答教授问题的准确性和课堂作业正确性	1～8周
3	期中阶段性测验	20%	期中阶段的学习情况	4周
4	期末课程考试(闭卷)	50%	综合知识达到教学大纲要求，依照标准答案评定	8周

注：1.培训教学计划依据培训大纲制订授课计划；2.本计划由主讲教师填写一式三份，经培训部主任签字后送教务处一份，培训部一份，主讲教师一份；3.考核项目的类型不少于3个；4.综合性考核类型为笔试。

主讲教师：＿＿＿＿＿＿　　　　培训部主任：＿＿＿＿＿＿

年　　月　　日

教学进度安排表

周次	课次	教学内容 （章节号、课题名称）	学时	授课方式	课外作业	备注
1	1	第 1 章　Revit 基本介绍	1	授课		
1	2	第 2 章　Revit 视图、标高和轴网	1	授课		
1	4	第 3 章　Revit 插入外部参考图	2	授课		
2	6	第 4 章　BUILDIPRO 介绍	2	授课		
2	8	第 5 章　BUILDIPRO 墙体	2	讲练结合		
3	12	第 6 章　BUILDIPRO 门窗	2	讲练结合		
3	12	第 7 章　BUILDIPRO 楼板	2	讲练结合		
4	16	第 8 章　BUILDIPRO 屋顶	2	授课		
4	16	第 9 章　BUILDIPRO 屋面桁架	2	授课		
5	20	第 10 章　BUILDIPRO 生成屋架龙骨	2	授课		
5	20	第 11 章　BUILDIPRO 生成屋面龙骨	2	讲练结合		
6	24	第 12 章　BUILDIPRO 生成墙体龙骨	2	讲练结合		
6	24	第 13 章　BUILDIPRO 地板桁架 第 14 章　BUILDIPRO 更新龙骨	2	讲练结合		
7	28	第 15 章　NC 数据输出 第 16 章　图纸	2	授课		
7	28	第 17 章　显示/隐藏 第 18 章　工具 第 19 章　材料清单	2	授课		
8	30	第 20 章 BUILDIPRO 其他应用技巧	2	授课		
8	32	机动				

三、“BUILDIPRO 冷弯薄壁型钢房屋设计”课程教学大纲

1. 课程描述

“BUILDIPRO 冷弯薄壁型钢房屋设计”是土木工程专业的一门专业核心课，是以 Revit 技术原理及其相关应用为研究对象的一门综合性、实践性较强的课程，也是服务于应用型本科人才培养目标的一门重要课程。

通过本课程的学习，了解 Revit 的基本概念、常用术语、掌握 BUILDIPRO 冷弯薄壁型钢房屋设计的方法；掌握 BUILDIPRO 冷弯薄壁型钢房屋设计应用的关键要素。学生初步具备 BUILDIPRO 冷弯薄壁型钢房屋设计的能力，为今后在工作中运用 Revit 技术解决工程实际问题打下基础。

2. 前置课程（详见表 1）

表 1　前置课程说明

课程代码	课程名称	与课程衔接的重要概念、原理及技能
	建筑制图 CAD，Revit	Revit 视图控制工具、项目模版、项目文件、Revit 常用图元操作、常用快捷键
	建筑信息建模（BIM）技术应用	视图、标高和轴网的建立

3. 课程目标与专业人才培养规格的相关性

表 2　课程目标与专业目标的相关性

课程总体目标	相关性
知识培养目标：掌握 Revit 技术的基本理论和思维方法，掌握 Revit 技术在项目建设全生命周期中的应用理念和方法。掌握建筑模型的创建方法和建筑构件族的制作方法；掌握运用 Revit 模型实现三维建模、建筑表现、工程量查询等方法	C
能力培养目标：培养学生运用 Revit 基础建模软件创建冷弯薄壁型钢房屋，完成标高、轴网、主要建筑构件（墙体、门窗、楼板、屋顶、桁架）的构造设计并能进行简单的建筑模型设计；具有工程实践所需技术、技巧及使用工具的能力；具有通过 BIM 技能等级考试的能力	C

续表

课程总体目标		相关性
素质养成目标：培养学生坚持不懈的学习精神、严谨治学的科学态度和积极向上的价值观；培养学生的职业道德、敬业精神和责任感；培养学生团队协作精神和人际沟通能力		A/B
专业人才培养规格		
A	具有良好的政治素质、文化修养、职业道德、服务意识、健康的体魄和心理	
B	具有较强的语言文字表达、收集处理信息、获取新知识的能力。具有良好的团结协作精神和人际沟通、社会活动等基本能力	
C	熟练掌握施工图设计程序，具备较强工程设计能力	

4. 课程考核方案

(1)考核类型："BUILDIPRO 冷弯薄壁型钢房屋设计"等级考核。

(2)考核形式：理论与实践相结合。

5. 具体考核方案

序号	考核项目	权重	评价标准	考核时间
1	出勤(学习参与类)	10%	全勤：100 分；迟到扣 10 分/次，早退扣 10 分/次，旷课扣 20 分/次，扣完为止	随堂
2	作业完成情况(学习参与类)	10%	3 次作业，100 分，未交作业扣 20 分/次	第 3、4、6 周
3	期中口头报告(阶段性测验类)	20%	小结性口头报告，100 分。准备充分：15%；表达清楚：15%；收获体会及问题：70%	第 4 周
4	结业考核	60%	综合知识达到教学大纲要求，依照标准答案评定，颁发合格证书	第 8 周

由广东白云学院-粤港澳大湾区装配式建筑技术培训中心-大禾众邦(厦门)智能科技股份公司联合颁发初级、中级、高级的培训合格证书。也可发人社部的装配式建筑初级、中级、高级培训合格证书。

6. 课程教学安排

序号	教学模块	模块目标	教学单元	单元目标	课时	教学策略	学习活动	学习评价
1	Revit 基本介绍	知识目标：了解 Revit 基本功能。能力目标：掌握 Revit 标高、轴网建立的方法。素养目标：增强学生对 Revit 的学习兴趣	Revit 基本介绍	知识目标：了解 Revit 的基本功能。能力目标：能熟练掌握 Revit 的各项功能。素养目标：认识 Revit 的重要性	1	电脑操作演示	1. 课堂问答；2. 电脑操作练习	1. 电脑操作结果展示；2. 学生小组互评；3. 老师逐一点评
2			Revit 视图、标高和轴网	知识目标：掌握 Revit 视图、标高和轴网创建方法。能力目标：能准确创建视图、标高和轴网。素养目标：养成一丝不苟的习惯	1	电脑操作演示	1. 课堂问答；2. 电脑操作练习	
3			Revit 插入外部参考图序	知识目标：掌握导入 CAD 图纸和其他格式模型方法。能力目标：能够利用 revit 操作导入 CAD 图纸。素养目标：培养对 Revit 学习兴趣	2	电脑操作演示	1. 课堂问答；2. 电脑操作练习	
4	BUILDIPRO 介绍、墙、门、楼板、屋顶、屋面桁架、龙骨构件的生成	知识目标：了解 BUILDIPRO 软件生成各种构件的方法。能力目标：能利用 BUILDIPRO 软件生成各种构件。素养目标：增强学生 BUILDIPRO 软件的操作技巧	BUILDIPRO 介绍	知识目标：了解 BUILDIPRO 构件创建的功能。能力目标：能进行 BUILDIPRO 构件的创建。素养目标：养成学生良好的团结协作和勇于实践、敢于创新的精神	2	电脑操作演示	1. 课堂问答；2. 电脑操作练习	1. 电脑操作结果展示；2. 学生小组互评；3. 老师逐一点评
5			BUILDIPRO 墙体	知识目标：了解 BUILDIPRO 创建墙体构件的方法 能力目标：能利用 BUILDIPRO 创建墙体构件。素养目标：培养学生良好的团结协作和勇于实践、敢于创新的精神	2	电脑操作演示	1. 课堂提问；2. 电脑操作练习	1. 电脑操作结果展示；2. 学生小组互评；3. 老师逐一点评

续表

序号	教学模块	模块目标	教学单元	单元目标	课时	教学策略	学习活动	学习评价
6	BUILD-IPRO介绍、墙、门、楼板、屋顶、屋面桁架、龙骨构件的生成	知识目标：了解BUIL-DIPRO软件生成各种构件的方法。能力目标：能利用BUILDIPRO软件生成各种构件。素养目标：增强学生BUILDIPRO软件的操作技巧	BUILD-IPRO门窗	知识目标：了解BUILD-IPRO门窗创建的方法。能力目标：能在BUILD-IPRO软件中进行门窗选择、门窗编辑。素养目标：培养学生良好的团结协作和勇于实践、敢于创新的精神	2	电脑操作演示	1. 课堂提问；2. 电脑操作练习	1. 电脑操作结果展示；2. 学生小组互评；3. 老师逐一点评
7			BUILD-IPRO楼板	知识目标：了解BUILD-IPRO楼板创建的方法。能力目标：能在BUILD-IPRO软件中进行楼板构件、龙骨的创建。素养目标：培养学生良好的团结协作和勇于实践、敢于创新的精神	2	电脑操作演示	1. 课堂提问；2. 电脑操作练习	1. 电脑操作结果展示；2. 学生小组互评；3. 老师逐一点评
8			BUILD-IPRO屋顶	知识目标：了解屋顶绘制和定义的方法。能力目标：能进行绘制屋面、定义坡度和悬挑、坡度箭头、屋顶属性。素养目标：培养学生良好的团结协作和勇于实践、敢于创新的精神	2	电脑操作演示	1. 课堂提问；2. 电脑操作练习	1. 电脑操作结果展示；2. 学生小组互评；3. 老师逐一点评
9			BUILD-IPRO屋面桁架	知识目标：了解BUILD-IPRO屋面桁架创建的方法。能力目标：能绘制屋架、描述屋架参数设置、屋架属性。素养目标：培养学生良好的团结协作和勇于实践、敢于创新的精神	2	电脑操作演示	1. 课堂提问；2. 电脑操作练习	1. 电脑操作结果展示；2. 学生小组互评；3. 老师逐一点评

续表

序号	教学模块	模块目标	教学单元	单元目标	课时	教学策略	学习活动	学习评价
10			BUILD-IPRO生成屋架龙骨	知识目标：了解BUILD-IPRO生成屋架龙骨的方法。 能力目标：能生成屋架龙骨、进行屋架龙骨参数设置和编辑屋架龙骨。 素养目标：培养学生良好的团结协作和勇于实践、敢于创新的精神	2	电脑操作演示	1.课堂提问； 2.电脑操作练习	1.电脑操作结果展示； 2.学生小组互评； 3.老师逐一点评
11	BUILD-IPRO介绍、墙、门、楼板、屋顶、屋面桁架、龙骨构件的生成	知识目标：了解BUIL-DIPRO软件生成各种构件的方法。 能力目标：能利用BUILDIPRO软件生成各种构件。 素养目标：增强学生BUILDIPRO软件的操作技巧	BUILD-IPRO生成屋面龙骨	知识目标：了解BUILD-IPRO生成屋面龙骨的方法。 能力目标：能分割屋面、生成屋面龙骨构件及参数设置、编辑屋面龙骨。 素养目标：培养学生良好的团结协作和勇于实践、敢于创新的精神	2	电脑操作演示	1.课堂提问； 2.电脑操作练习	1.电脑操作结果展示； 2.学生小组互评； 3.老师逐一点评
12			BUILD-IPRO生成墙体龙骨、BUILD-IPRO地板桁架、BUILD-IPRO更新龙骨	知识目标：了解BUILD-IPRO生成墙体龙骨地板桁架的方法。 能力目标：能进行墙体分割、墙体龙骨的生成及结构参数设置、编辑墙体龙骨。 素养目标：培养学生良好的团结协作和勇于实践、敢于创新的精神	2	电脑操作演示	1.课堂提问； 2.电脑操作练习	1.电脑操作结果展示； 2.学生小组互评； 3.老师逐一点评

续表

序号	教学模块	模块目标	教学单元	单元目标	课时	教学策略	学习活动	学习评价
13	BUILDIPRO 数据输出及其他应用技巧	知识目标：了解 BUILDIPRO 数据输出及其他应用技巧。能力目标：掌握 BUILDIPRO 数据输出的技巧。素养目标：增强学生 BUILDIPRO 软件的操作技巧	NC 数据输出	知识目标：了解 NC 数据输出。能力目标：能编制添加属性、生成 NC 数据。素养目标：培养学生良好的团结协作和勇于实践、敢于创新的精神	2	电脑操作演示	1. 课堂提问；2. 电脑操作练习	1. 电脑操作结果展示；2. 学生小组互评；3. 老师逐一点评
14			图纸	知识目标：了解图纸生产的方法。能力目标：能创建面板，总装图纸。素养目标：培养学生良好的团结协作和勇于实践、敢于创新的精神	2	电脑操作演示	1. 课堂提问；2. 电脑操作练习	1. 电脑操作结果展示；2. 学生小组互评；3. 老师逐一点评
15			显示/隐藏、工具、材料清单	知识目标：了解显示/隐藏、各种工具生产材料清单的方法。能力目标：能编制各种生产材料清单。素养目标：培养学生良好的团结协作和勇于实践、敢于创新的精神	2	电脑操作演示	1. 课堂提问；2. 电脑操作练习	1. 电脑操作结果展示；2. 学生小组互评；3. 老师逐一点评
16			BUILDIPRO 其他应用技巧	知识目标：了解 BUILDIPRO 其他应用技巧。能力目标：能进行天窗的绘制、桁架梁的绘制、楼梯的绘制、屋面的绘制。素养目标：培养学生良好的团结协作和勇于实践、敢于创新的精神	2	电脑操作演示	1. 课堂提问；2. 电脑操作练习	1. 电脑操作结果展示；2. 学生小组互评；3. 老师逐一点评

Revit 版 BUILDIPRO 冷弯薄壁型钢房屋设计课程大纲基本内容

第 1 章　Revit 基础

1. 基本内容

(1)Revit 基本界面。

(2)Revit 视图控制工具。

(3)Revit 项目模版。

(4)Revit 项目文件。

(5)Revit 常用图元操作。

(6)Revit 常用快捷键。

2. 重点

Revit 视图控制工具及常用图元操作。

3. 难点

视图控制工具。

4. 授课方式

理论教学＋基本操作训练。

第 2 章　Revit 视图

1. 基本内容

(1)标高。

(2)轴网。

(3)导入 CAD 图纸。

(4)导入其他格式模型。

2. 重点

建立标高及轴网。

3. 难点

导入其他格式模型。

4. 授课方式

理论教学＋基础实训。

第 3 章　Revit 标高和轴网

1. 基本内容

(1)导入 CAD 图纸. 。

(2)导入其他格式模型。

2. 重点

导入 CAD 图纸。

3. 难点

导入其他格式模型。

4. 授课方式

理论教学。

第 4 章　BUILDIPRO 介绍

1. 基本内容

(1)项目管理。

(2)墙体、楼板、屋顶。

(3)更新。

(4)NC 代码。

(5)面板图纸。

(6)总装图纸。

2. 重点

项目管理操作及总装图纸。

3. 难点

总装图纸。

4. 授课方式

实践教学法。

第 5 章　BUILDIPRO 墙体

1. 基本内容

(1)BUILDIPRO 墙体的选择、墙体的属性、墙体的绘制。

(2)BUILDIPRO 墙体的编辑。

(3)BUILDIPRO 墙体的分割。

(4)BUILDIPRO 设置第一根立柱位置。

2. 重点

墙体的选择、墙体的属性、墙体的绘制。

3. 难点

墙体的编辑。

4. 授课方式

实践教学法。

第 6 章　BUILDIPRO 门窗

1. 基本内容

(1)BUILDIPRO 门窗的选择。

(2)BUILDIPRO 门窗的属性。

(3)BUILDIPRO 门窗的编辑。

2. 重点

门窗的选择、门窗的属性、门窗的绘制。

3. 难点

门窗的编辑。

4. 授课方式

实践教学法。

第 7 章　BUILDIPRO 楼板

1. 基本内容

(1)绘制楼板。

(2)生成 BUILDIPRO 楼板。

(3)生成楼板桁架龙骨。

2. 重点

楼板的绘制。

3. 难点

生成楼板桁架龙骨。

4. 授课方式

理论教学+实践教学法。

第 8 章　BUILDIPRO 屋顶

1. 基本内容

(1)绘制屋面。

(2)定义坡度。

(3)悬挑。

(4)坡度箭头。

(5)屋顶属性。

2. 重点

屋面的绘制、屋顶属性。

3. 难点

屋顶属性。

4. 授课方式

理论教学+实践教学法。

第 9 章　BUILDIPRO 屋面桁架

1. 基本内容

(1)绘制屋架。

(2)屋架参数设置。

(3)屋架属性。

2. 重点

屋架的绘制、屋架属性。

3. 难点

屋架属性。

4. 授课方式

理论教学+实践教学法。

第 10 章　BUILDIPRO 生成屋架龙骨

1. 基本内容

(1)生成屋架龙骨。

(2)屋架龙骨参数设置。

(3)编辑屋架龙骨。

2. 重点

屋架龙骨的生成、屋架龙骨参数设置。

3. 难点

编辑屋架龙骨。

4. 授课方式

理论教学+实践教学法。

第 11 章　BUILDIPRO 生成屋面龙骨

1. 基本内容

(1)分割屋面。

(2)生成屋面龙骨构件及参数设置。

(3)编辑屋面龙骨。

2. 重点

分割屋面、屋面龙骨参数设置。

3. 难点

编辑屋面龙骨。

4. 授课方式

理论教学+实践教学法。

第 12 章　BUILDIPRO 生成墙体龙骨

1. 基本内容

(1)墙体分割。

(2)墙体龙骨的生成及结构参数设置。

(3)编辑墙体龙骨。

2. 重点

墙体分割、编辑墙体龙骨。

3. 难点

编辑墙体龙骨。

4. 授课方式

理论教学+实践教学法。

第 13 章　BUILDIPRO 地板桁架

1. 基本内容

(1)地板桁架的绘制。

(2)地板桁架龙骨的生成及参数设置。

(3)地板桁架龙骨的编辑。

2. 重点

地板桁架的绘制。

3. 难点

地板桁架龙骨的编辑。

4. 授课方式

理论教学+实践教学法。

第 14 章　BUILDIPRO NC 数据输出

1. 基本内容

(1)添加属性。

(2)生成 NC 数据。

2. 重点

数据输出。

3. 难点

生成 NC 数据。

4. 授课方式

理论教学＋作业训练。

第 15 章　BUILDIPRO 图纸

1. 基本内容

(1)创建面板,总装图纸。

(2)材料清单。

2. 重点

总装图纸。

3. 难点

总装图纸。

4. 授课方式

理论教学＋作业训练。

第 16 章　BUILDIPRO 其他应用技巧

1. 基本内容

(1)天窗的绘制。

(2)桁架梁的绘制。

(3)楼梯的绘制。

(4)屋面的绘制。

(5)门庭。

2. 重点

桁架梁的绘制。

3. 难点

桁架梁的绘制、门庭。

4. 授课方式

理论教学＋作业训练。